重要的是得体，不是豪华与新奇

意匠清华七十年

——关肇邺院士校园营建哲思

周 榕 程晓喜 祝 远 编著

中国建筑工业出版社

③ 理科楼　⑥ 化学馆扩建

修建时间　扩建时间
1992 年　1999 年

7

6

3

5

4

⑦ 医学院　⑤ 气象台改建　④ 生命科学

修建时间　改建时间　修建时间
2001 年　1999 年　1995 年

关肇邺清华校园主要作品

图书馆三、四期

修建时间
1983 年（三期）
2007 年（四期）

2

介梯教室

时间
5 年

② 清华学堂扩建

扩建时间
2000 年至今

① 中央主楼

修建时间
1956 年
2001 年（加建）

清华校园，历百年经营鼎革以有今日恢宏之人文气象，跻身全球最美校园之列，实非幸致，而是数代清华人殚精竭虑、孜孜营建的心血积累。在对清华校园作出卓越贡献的建筑家中，论时间跨度之长、作品数量之盛、规划筹谋之妙、设计淬冶之精，关肇邺院士堪称居功至伟。

1948年，就读于燕京大学理学院的关肇邺，在偶然听到梁思成先生的一次演讲后，对建筑学产生了浓厚的兴趣。为此，他毅然从燕大退学转考清华大学建筑系，毕业后留校任教至今，相伴清华校园已整整七十年。七十年来，关肇邺院士先后主持设计了清华大学主楼、图书馆（三、四期）、理学院（理科楼、生命科学馆、天文台改扩建、化学馆扩建）、西阶梯教室、医学院等十余项重要的校园建筑，为新时期清华校园的长远发展奠定了至为关键的文脉基调。

关肇邺院士在清华校园的建筑实践，充分体现出他尊重历史和环境、追求"和谐"及"得体"、反对"豪华"与"新奇"的建筑价值观。数十年来，出自他笔下的清华建筑，兼寄科学精神与人文魂魄，严谨沉稳而不失巧思灵动；融贯中西智慧与古今意匠，谦逊平和而愈增吾校庄严。关肇邺院士设计的清华建筑，非特是一代又一代清华人心灵故乡中最珍贵的记忆背景，更成为衡度中国当代大学校园建设的文化标尺；关肇邺院士的校园营建哲思，不仅在潜移默化中拓宽了清华人的集体想象力格局，也为浮躁年代的中国建筑界留下了足堪导航的思想指南。

本书萃集了关肇邺院士数十年来参与清华校园营建工作的全部成果，包括建筑模型、设计图纸、实景照片等形式。此外，本书还包括关肇邺院士的设计手稿和历史照片等珍贵内容。

长卷徐展，七十载夙兴夜寐、醉心沉潜，一人一园成就不朽传奇。

目录

壹

負笈奇緣

1948年春，赴美讲学归来的著名建筑学家、清华大学建筑系创始人梁思成教授，应邀于燕京大学做了一场题为"中国建筑的特征"的演讲。其时台下听讲的燕京大学理学院一年级学生关肇邺，深为梁思成先生的渊博学识和学者风度所折服，对建筑学专业产生了浓厚的兴趣。

　　当年4月底的清华大学校庆日，充满好奇心的关肇邺借机到清华大学建筑系探访，那里展出的梁思成与营造学社进行古建筑调查时的文物、建筑类中外文书籍、教师和学生们绘制的图纸和绘画，给他留下了文理兼容、趣味盎然又生机勃勃的难忘印象，促使他下决心转入该系学习建筑。

　　1948年夏，关肇邺正式放弃燕京大学一年的学历，考入清华大学建筑系。9月入学，在青年教师吴良镛的劝导下，打消了跳级的念头，从建筑系一年级重新开始读起，从此与清华校园结下70年不解的毕生因缘。

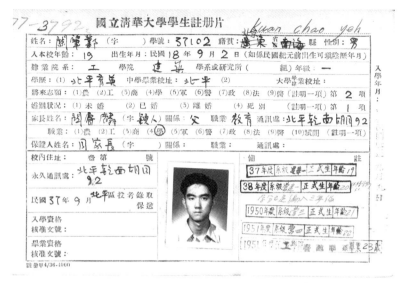

关肇邺清华大学学生注册片

1949年，建筑系前4届学生合影，后排左一为关肇邺

大学二年级的"太庙剧场"课程设计中，关肇邺尝试将民族形式和现代建筑相结合，获得系内苏联专家的好评，这让梁思成先生留意到了这位在设计上有自己独特想法的年轻人。大学三年级时，关肇邺被梁思成先生选为设计助手，参与任弼时墓的设计，这使他有机会亲炙梁先生的设计风采与营建思想。

　　1952年夏，关肇邺自清华大学建筑系毕业，按分配应到沈阳东北工学院任教，但由于其参与的清华

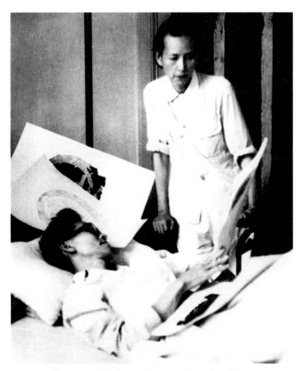

1950年，林徽因与病中的梁思成讨论国徽设计图案

太庙剧场设计作业（关肇邺据回忆绘制）

1951年夏，建筑系学生在清华工字厅合影，后排居中者为关肇邺

1951年冬，建筑系师生合影，后排左一为关肇邺

人民英雄纪念碑

人民英雄纪念碑束腰
背面浮雕细部

建校工作尚未收尾，学校为他请假半年延迟离校。同年底，担任人民英雄纪念碑兴建委员会副主任兼设计组长、主持纪念碑设计的梁思成，通过教育部借调关肇邺，协助病重的林徽因完成人民英雄纪念碑装饰浮雕的设计。

作为林徽因的设计助手，在长达两个多月的时间里，关肇邺每天到林先生病室外的客厅根据她的口授绘制图纸并帮助查找参考资料。林徽因、梁思成两位先生的言传身教以及在梁林宅中朝夕相处的耳濡目染，对关肇邺今后注重历史文脉的治学与设计生涯产生了极为深远的影响。

1951年，建筑系学生合影，前排左四为关肇邺

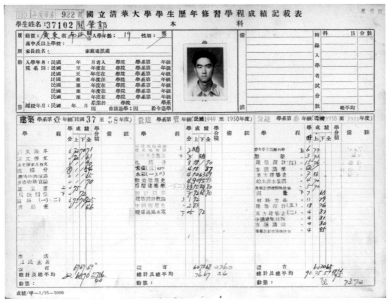

关肇邺清华大学成绩记载表

关肇邺清华大学毕业证书

初沐风华

关肇邺 摄于1950年代

1950年代营建系师生合唱留影

自1953年起，关肇邺正式在清华大学建筑系任教。1955年冬天，被调至校基建委员会办公室设计科工作锻炼。1956年春，年仅26岁的关肇邺，受时任清华校长蒋南翔之命参与校园新区的规划设计，不久，任建筑组组长。

清华新区规划期间，蒋南翔校长受邀访问苏联，莫斯科大学新建的巍峨主楼给他留下很深的印象。塔楼高达280米的莫斯科大学主楼，充分体现出社会主义制度下的集体精神与国家力量，被蒋校长指定为清华大学主楼的学习样板。

1956年秋天，关肇邺担纲清华大学主楼设计，开始面对他人生中第一个艰巨的挑战——对于从未亲

莫斯科大学中央主楼

清华大学中央主楼过程方案渲染图

清华大学中央主楼过程方案鸟瞰图

临莫斯科大学、此前仅仅设计建成过一座三层红砖小楼（清华大学高压实验室），既乏指导又缺助手的关肇邺来说，单凭一己之力完成这组7万多平方米的大型建筑群的方案设计殊非易事。

主楼组同学在主楼工地，后排左二为关肇邺

1957年，中央主楼西区建成，关肇邺在工地留影

中央主楼

尽管有莫斯科大学主楼作为设计参照样板，但由于建筑规模、空间尺度、功能内容、材料工艺等各个方面的千差万别，清华主楼根本无法简单模仿莫斯科大学主楼方案，而在诸多具体领域都需要进行大量创造性的改进。在清华主楼设计中，关肇邺顶住了当时校内全盘照搬莫斯科大学主楼模式的强大压力，坚持保留清华园自己的建筑特色——清华主楼不同于莫斯科大学主楼，传统"三段式"的通高门廊源自清华老体育馆，横向门厅则带有清华老图书馆的印记，而对纵深公共空间序列的强调则是对清华园工字厅主轴线庭院空间纵深感的沿袭传承。在主楼设计中，大到用4个过街楼衔接建筑群的整体性，小到用挑檐及镂槽檐口阴影线精致收束整个主楼立面，关肇邺的创造性匠意贯注到了从方案整体到细部节点的每一个层级。清华主楼建成后，其独特的简约古典式样引发全国高校竞相效仿，此风至今犹存，但没有一个效仿的校园主楼可以在设计水平上与关肇邺设计的清华主楼相提并论。

在原设计中，清华主楼高度本为12层，但主楼东西区施工完毕，中区施工至9层时，"文化大革命"

中央主楼早期鸟瞰照片

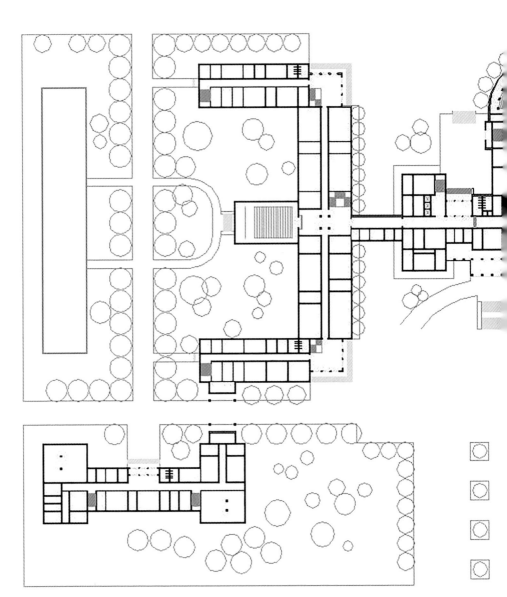

中央主楼总平面图

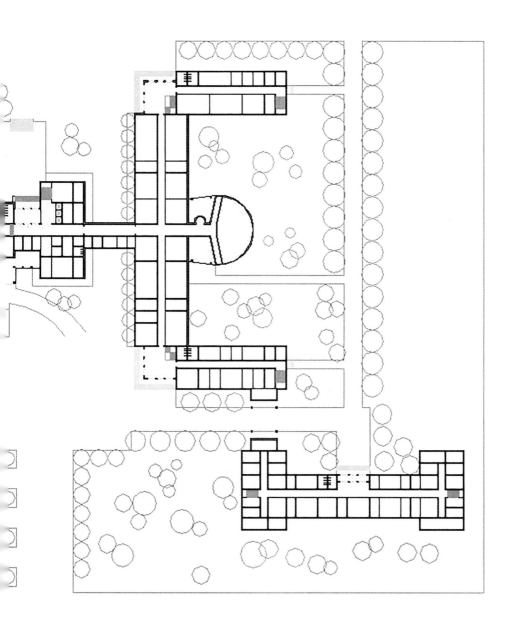

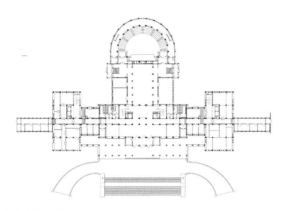

中央主楼二层平面图

中央主楼正立面现状照片

中央主楼正立面图

开始，因政治压力主楼中区被迫降低了2层的高度。2001年，清华大学90周年校庆之际，在关肇邺院士亲自主持下，清华大学中央主楼加建2层，恢复了原设计高度，从而了却了他与清华主楼缠绵长达45年的建筑因缘。

1960年代初关肇邺在中央主楼前进行技术水彩讲课

1974年建筑系学生在中央主楼前毕业合影

　　清华主楼中区开始施工后不久，关肇邺被抽调参加"四清"运动，紧接着"文革"开始，由于政治运动不断，他的建筑设计工作也随之基本中断。1969年，关肇邺随清华土建系师生到江西南昌鲤鱼洲清华农场五七干校劳动锻炼，参与采沙劳动及当地土建工作。1971年10月返校。

　　1974年，关肇邺带领"地铁班"十余位解放军战士学员接受北京地铁"东四十条"站（当时名为"工人体育馆"站）站台设计的任务，建成后因构思的新颖性广受群众好评，入选"北京八十年代十大建筑"。

　　1976年4月，关肇邺率领建3（1973年入学）部分同学到西藏拉萨、林芝"开门办学"，教授当地藏汉建筑工人识图及绘图，10月返校，这标志着动乱年代蹉跎岁月的终结。

1976年，摄于布达拉宫

1981年，关肇邺被选为清华大学建筑系改革开放后第一个赴美学者，在美国进行了为期一年的访学。访学期间，他实地考察并深入研究了现代建筑的大量案例，并在美国的9所高校开办了有关中国建筑文化的讲座，填补了当时东西方建筑交流的空白。而对美国顶尖大学校园的切身体验，也为他归国后快速攀升到自己的创作巅峰期打下了坚实的基础。博观约取，厚积薄发，访美学术之旅成为关肇邺一生最重要的事业转折点。

1979年，关肇邺为外国访华建筑师讲授中国建筑

1981年，关肇邺在美国波士顿与费正清（John King Fairbank）、费慰梅（Wilma Canon Fairbank）夫妇合影

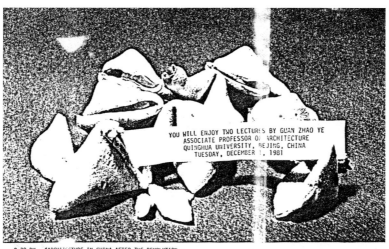

1981年，关肇邺在美国休斯敦大学（University of Houston）学术讲座的宣传海报

1981年，关肇邺在美国波士顿麻省理工学院（MIT）进行学术讲座

叁

文脉薪传

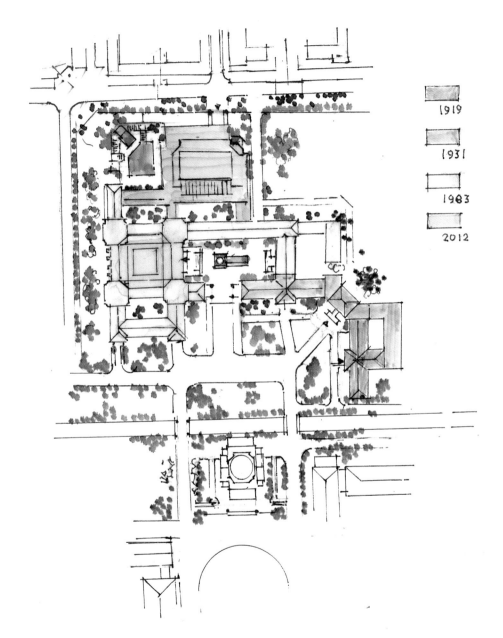

图书馆建筑分期示意（关肇邺手绘）

1919

1931

1983

2012

图书馆一期

亨利·墨菲（Henry Killam Murphy）

　　作为一校文脉之所系，大学的主图书馆，往往成为校园人文景观中最令人瞩目的文化地标，标示出一所大学的精神高度、思想深度与视野广度。在中国现代大学的图书馆建筑中，清华大学主图书馆具有无可争议的标杆地位——建设时间跨度将近百年的四期建筑，被以令人惊叹的和谐手法精心组织成整体群落，珠联璧合，新旧辉映，凸显清华学术传统的延绵承启与博大精深。这组建筑的背后，埋藏着一段历史上不同年代三位卓越的建筑大师匠心相惜、薪尽火传的动人故事。

　　1916年，美国建筑师亨利·墨菲（Henry Killam Murphy，1877～1954年）在完成清华学堂的校园规划之后，又为其操刀了图书馆设计。作为1919年建成的清华学堂四大建筑之一，图书馆采用了统一的西洋式风格，其主立面西向布置，平面呈十字形，建筑规模较小，整体布局紧凑。

清华图书馆一期方案表现图

清华图书馆一期室内

清華學校圖書館　　書庫
Tsing Hua College Library, Stackroom.

一期书库

图书馆二期

杨廷宝

　　到了1930年，昔日的留美预备学校"清华学堂"已于1928年升级为"国立清华大学"，11年前建成的学校图书馆也日益不敷使用。在时任校长罗家伦的主持下，清华校友、留美归来的杰出建筑师杨廷宝受托进行清华图书馆二期扩建工程的设计。有别于一般建筑师的常规做法，杨廷宝的这一设计并不突出自身，而是更加注重新建筑与基地环境及既有建筑之间的群体协调。因此，他在新设计的风格上选择完全沿用图书馆一期的处理手法——同样的开间、进深、层高，角度相同、构造近似的坡顶，高大的拱窗，在立面同样高度开近似大小的窗口等……仅做小规模的设计变化。该设计的神来之笔集中体现在连接一、二期建筑的主入口处理上：杨廷宝通过一组八角形楼梯将平面转换135°，连接相互垂直的一、二期建筑，使这相差12年建成的新旧两部分形成完全对称的环抱两翼，望去浑然一体，宛若天成。呈45°斜向布置的主入口，避免了对清华大礼堂中轴线的侵扰，使体量舒展的图书馆成为礼堂低调的衬托背景。

图书馆二期方案渲染图

图书馆二期

图书馆二期建筑局部

图书馆二期室内

图书馆一、二期主入口

图书馆三期

关肇邺 摄于1990年代

　　转眼51年过去，1982年冬，清华大学图书馆扩建工程启动，刚刚从美国访学归国的关肇邺开始着手三期新馆设计。然而这一次，他面临着比杨廷宝当年严峻得多的任务挑战，需要解决更多纠缠在一起、看似难以化解的重重矛盾。

　　第一重矛盾，是"新"与"旧"的矛盾。1980年代初，刚刚开始改革开放的中国，躁动着热切追求"现代感""时代精神"的集体无意识。从学校和图书馆领导，到关肇邺在建筑系的同事，"求新求变"已成为普遍共识。在这样的观念环境下，关肇邺能够超越时代，利用跨度更宽广的历史参照系进行更为长远的价值判断，在设计中采用红砖砌筑的"旧"建筑形式，从而为清华园坚守住一份充满历史感、至为珍贵的人文记忆，需要顶住何其巨大的压力不问可知。

　　第二重矛盾，是"主"与"次"的矛盾。新建的清华图书馆三期建

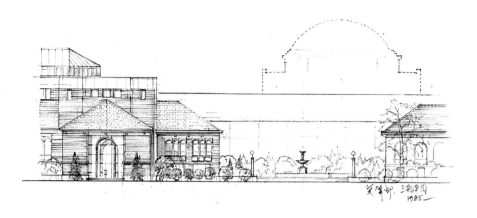

图书馆三期设计草图（关肇邺手绘）

图书馆三期方案渲染图

筑，面积4倍于一、二期建筑之和，按常理来说应该当仁不让占据"主角"的位置。但关肇邺本着"尊重历史，尊重环境，为今人服务，为先贤增辉"的谦逊态度，心甘情愿让自己设计的三期建筑扮演"最佳配角"——通过精心推敲总体布局，将5层楼高、体量最大的新建筑主体尽可能退后，其南、东两侧用2、3层建筑体量围合成两个"掩护"主体建筑的院落。在三面围合的主庭院南入口处，关肇邺特意安排了与一、二期建筑"肩膀"等高的一段翼楼作为空间收束，与相邻而望的二期建筑一起形成门阙拱卫之势，消解了高大的新建筑给周边环境带来的压迫感和突兀感，从而成功维护了大礼堂在清华核心区建筑群中的主体地位。

第三重矛盾，是"群"与"己"的矛盾。图书馆三期作为与前两期相隔半个多世纪的新建筑，如何在与老建筑取得整体和谐的前提下凸显自身的特色？为此，关肇邺借鉴了当时西方流行的"后现代建筑"手法，在建筑入口处的大面玻璃外侧设计了独立的非承重砖拱，并在二层设置了符号化的白色浅拱形窗楣，既呼应了老馆的连续拱窗，又保留了自身的识别性，避免对一、二期建筑"亦步亦趋"，最终使整体建筑群多音协奏、"和而不同"。

第四重矛盾，是"文"与"质"的矛盾。当时清华图书馆的主要领导之一，高度推崇"强功能、

图书馆三期

弱形式、高效率"的西方现代图书馆流行空间模式。而关肇邺则认为，大学图书馆除了阅览、借阅和储藏的基本功能之外，还应兼顾向师生传达"大学精神"的文化使命，清华大学图书馆尤须有此担当。

为此，他在图书馆三期主入口处设计了一个4层通高的中庭式大厅，让进馆的师生扑面产生一种万千书册奔涌而来的豁朗开阔之感。这一国内前所未有的开创性设计因"浪费面积"和层间噪声干扰等"功能问题"遭到了那位图书馆领导的强烈反对，三期扩建工程为此停滞了两年左右。所幸关肇邺最终获得了校长的支持，这处现已成为清华图书馆标志的"精神空间"才得以完美实现。

1991年，清华图书馆三期落成，迅速赢得了全校师生和社会各界的广泛赞誉，并被建筑界公认为中国当代建筑创作的经典；先后获中国建筑学会优秀建筑创作奖、建设部优秀建筑设计一等奖、国家教委优秀建筑设计一等奖、全国优秀工程勘察设计奖金奖、20世纪90年代北京十大建筑。

图书馆三期主入口及庭院喷泉水池

图书馆二期、三期连廊

图书馆三期主庭院

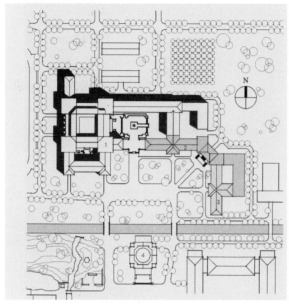

图例

1 图书馆3期
2 图书馆2期
3 图书馆1期
4 大礼堂

图书馆三期总平面图

关肇邺与学生制作图书馆建筑模型

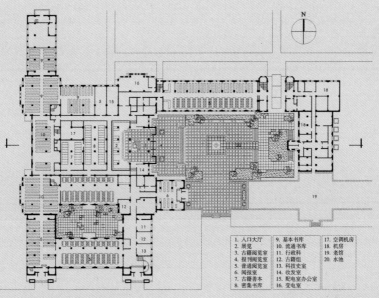

1. 入口大厅　　9. 基本书库　　17. 空调机房
2. 展览　　　　10. 流通书库　　18. 机房
3. 古籍阅览室　11. 行政科　　　19. 老馆
4. 报刊阅览室　12. 古籍组　　　20. 水池
5. 普通阅览室　13. 科技史室
6. 阅报室　　　14. 收发室
7. 古籍善本　　15. 配电室办公室
8. 密集书库　　16. 变电室

图书馆三期首层平面图

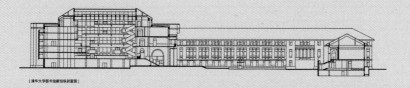

[清华大学图书馆新馆纵剖面图]

图书馆三期剖面图

自二、三期连廊看图书馆三期主入口

图书馆三期主入口及景观水池

图书馆二、三期连廊内景

图书馆三期工程模拟实验

图书馆三期庭院及南立面局部

图书馆三期主入口门厅室内

图书馆三期主入口门厅大台阶

图书馆三期主入口门厅室内细部

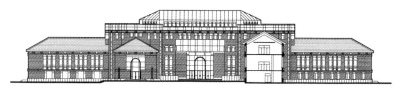

图书馆三期东立剖面图

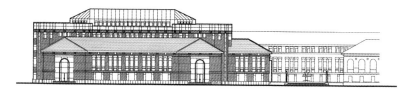

图书馆三期南立面图

图书馆三期室内

图书馆三期大厅室内（一）

图书馆三期大厅室内（二）

图书馆四期

2000年前后，清华大学图书馆需要再度扩建，委托关肇邺领衔进行四期工程设计。由于四期的基地面积小，而要求的使用面积与三期一样，只能加建二层地下室，关肇邺为此设计了下沉广场，将地平以下的部分围绕下沉广场做成可以舒适使用的采光空间，解决基地面积与功能需求之间的矛盾。在外形和体量上，四期建筑尽可能不显得突出，尺度感、轮廓线力求与前几期和谐。而在细节和立面设计上，四期与三期刻意拉开距离，使其更具有新的时代感。

图书馆四期室内

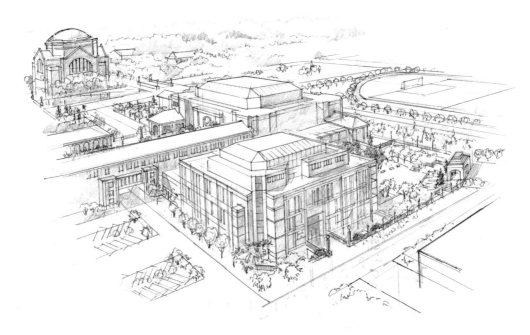

图书馆四期设计草图（关肇邺手绘）

图书馆四期主入口

图书馆四期室内大台阶

图书馆四期休息厅室内

图书馆各期总体鸟瞰图（关肇邺手绘）

图书馆四期下沉庭院设计草图（关肇邺手绘）

图书馆四期下沉庭院入口方案渲染图（关肇邺手绘）

图书馆四期东立面及与三期连廊

图书馆四期西立面及下沉庭院

图书馆四期下沉庭院入口

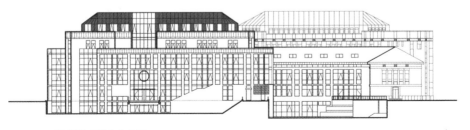

图书馆四期北立面图

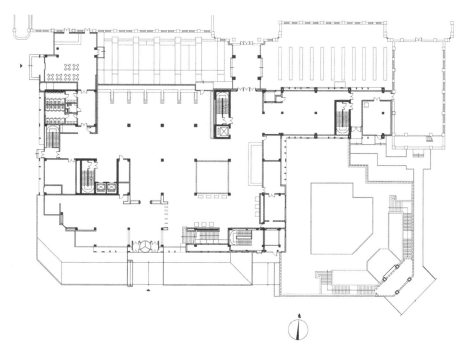

图书馆四期首层平面图

关肇邺在图书馆四期工地

西阶梯教室

　　清华大学老西阶教室设计于1951年，按计划应于1956年拆除，但实际一直使用了55年。虽然老西阶教室的建筑面积不足400平方米，但由于其空间位置的重要性和使用的频繁性，这间功能普通的阶梯教室在一代又一代清华人心中占据了特殊的情感位置。

　　2006年，由于科学馆翻修之后要加建供整个礼堂前区使用的消防水池，只能利用老西阶教室用地的地下空间，学校遂将老西阶教室拆除，但随后考虑到历届师生对西阶教室的深厚感情，校方请关肇邺院士重新设计了新的西阶教室。关肇邺维持了原有建筑的大致高度和双坡顶形态，巧妙地将建筑的三个立面进行了丰富的处理，并于建筑的东立面采用了与清华大学图书馆三期建筑形式呼应的"高拱"，在延续历史之中保持了建筑的时代特色。而在建筑内部大幅改善了原有使用条件，使西阶教室更适合现代教学需求，受到了师生们的广泛好评。

自礼堂前广场看西阶

西阶改造前后东立面效果对比（下图为改造后）

西阶东立面

西阶南立面

西阶改造前后西立面效果对比（右图为改造后）

西区定鼎

清华大学西区整体航拍照片

　　1931年，杨廷宝先生为清华校园做整体规划，确立了清华校园西区从生物馆到化学馆的一条南北贯穿轴线。但由于历史原因，两馆之间的大片空地一直留白没有建设。1990年代，清华大学筹建理学院，为满足学科发展的需要，数学、物理、化学和生物系等需要扩建。1994年春天，时任校长王大中教授邀请关肇邺担纲清华大学理学院片区的规划，并设计一期物理系、数学系两座系馆。

　　清华图书馆三期的设计机缘，使关肇邺对清华校园的理解愈益深刻。在对清华校园发展历史寻根溯源之后，他基本确定了清华大学理学院的规划设计方向："结合清华早期的建筑风格，营造院落空间，在用地中营造理性秩序，发掘环境中的建筑原型优化再利用，巧妙因借既有环境、营造崭新和谐环境"。

理科楼

　　项目首先从总体布局规划入手，以用地南北两侧的化学馆和生物馆中轴线为主轴。由于一期建筑只有物理和数学两系，关肇邺首先将其布置在基地北部中轴两侧，以过街楼连接，与化学馆形成一个完整院落，把基地东南部预留出来给生物系。同时，打通基地东西轴线，东西贯穿老体育馆和西大饭厅，两条轴线使得新建筑准确就位。作为设计的主要构思，他将数学、物理两系新楼设计成一个北向三合院形式的建筑，并且在该建筑中部设置过街楼，使原生物馆、化学馆轴线得以保留贯穿而不被遮挡。这一尊重建筑所在环境的谦抑做法，也赢得了公众的好评。

理科楼物理系

理科樓物理系主入口及拱廊

自理科楼物理系拱廊看数学系

理科楼北立面图

自理科楼拱门遥望老化学系馆　理科楼下沉广场

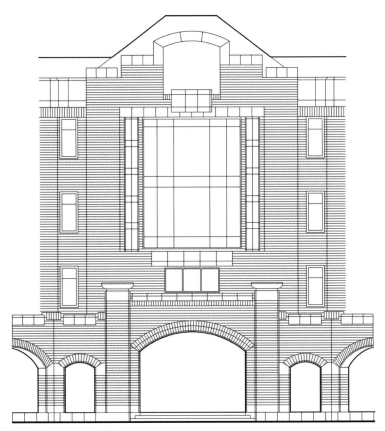

物理系主入口立面大样图

自物理系二层拱廊看下沉广场

自下沉广场看物理系　　　　　　　　理科楼夜景

理科楼数学系

对于理学院的建筑形式，关肇邺力排众议，坚持采用清华老建筑传统的清水红砖做外墙材料，外形则学习化学馆和生物馆的"女儿墙+坡屋顶"的做法，并在拱廊、窗下和檐口等处做了简化的花饰。这一脱胎自清华传统校园建筑风格的简约古典形式范式的确立，对于清华西区的未来发展影响深远。

其后，关肇邺在这一区域内不断织补，1998年生命科学馆建成、1999年高研中心扩建、2000年气象台改造为天文台、2004年化学馆扩建——何添楼项目建成，2006年医学院一期建成……虽然为适应不同科研建筑的要求，各建筑立面各具特色，但都保持了红砖坡顶的基本形式。

生命科学楼

生命科学楼夜景

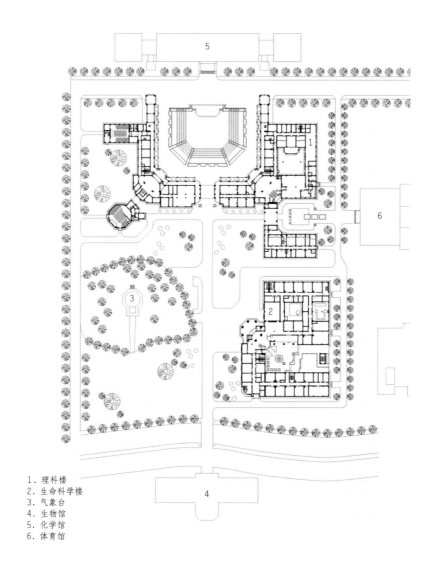

1. 理科楼
2. 生命科学楼
3. 气象台
4. 生物馆
5. 化学馆
6. 体育馆

理科楼及生命科学楼首层平面图

自理科楼拱门南望生命科学楼

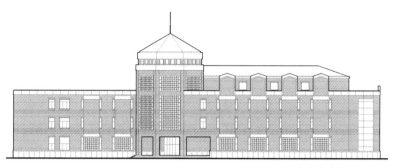

生命科学楼西立面图

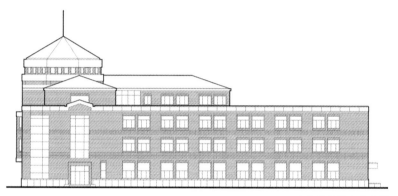

生命科学楼南立面图

生命科学楼西立面

生命科学楼及西区景观

生命科学楼西立面局部

生命科学楼西南角

化学馆

　　化学馆老馆1930年代由沈理源先生设计完成，是我国早期建筑中Art-Deco风格的重要代表。化学馆扩建在满足实验建筑功能需求的同时，立面同样采用了竖线条的装饰性元素，新老建筑以玻璃连廊连接，兼顾了老建筑立面的完整性和使用的便利；室内空间局部插入了室外化处理的精致庭院，让使用者在科研建筑中感受人文情怀和自然绿意。

化学馆新馆主入口

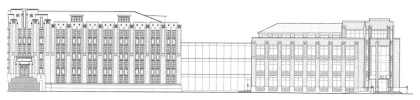

化学馆新馆与老馆局部南立面图

化学馆新馆与老馆玻璃连廊

新老连廊内景

老化学馆主入口

化学馆新馆与老馆玻璃连廊

化学馆新馆室内中庭

气象台

遥望气象台

气象台

医学院

医学院室外庭院渲染图（关肇邺手绘）

医学院东立面图

医学院室外庭院（一）

医学院室外庭院（二）

医学院山墙细部　　　　　　　　　医学院中庭内景

医学院会议室室内

医学院主门厅室内

医学院中庭室内

医学院鸟瞰

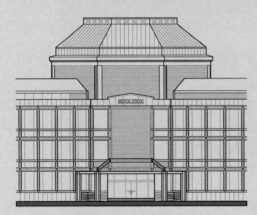

医学院主入口立面图

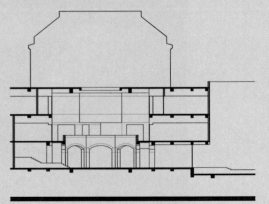

医学院主入口门厅剖面图

医学院主入口

自医学院主入口遥望气象台

医学院二期主入口

西区整体鸟瞰渲染图（关肇邺手绘）

由于关肇邺在前后20多年的时间里全面掌控了清华西区从理学院到医学院的建筑规划与设计，最终把西区打造成为以红砖坡顶为特色、具有整体和谐风貌、从而为人广泛称道的清华"红区"。清华西区与清华核心区的新老建筑风格相类又各异其趣，共同铺就了清华园洋溢着温暖历史感的基础调性。

2010年，清华校园被《福布斯》杂志评为全球最美丽的十四座大学校园之一，关肇邺院士当居定鼎之功。

请珍重他帮我们"看见"并"记住"的这座清华园

周榕

假如不能生产"意义",大学不过是一部加工知识的流水线车间;假如不能承载"意义",校园不过是一堆秩序化、结构化的砖石瓦砾。"意义"之于人,就是他最不想遗忘的那部分记忆;"意义"之于校园,就是它最不想被抹去的那部分空间环境。

每一所大学都有自己独特的记忆。清华之所以成为清华,是因为它的记忆叫做"清华园"。"清华园"是一个文化概念,而非空间概念。因此"清华园"不等于"清华校园"、不等于"清华公园"、不等于"清华科技园","清华园"只等于这所大学的"意义之园"。

必须指出的是,"意义"在清华园中并非触目皆在、俯拾即是,而需要去细心观察体悟、会心发现。对于清华校园中行色匆匆的人们来说,"意义"在绝大多数时候都属于"奢侈品",很少有人具备敏锐发现"意义"、捕捉"意义",并锚固"意义"的智慧能力。

今天,清华园中的每一个人都应该感谢关肇邺院士,感谢他在那个"团结一致向前看"的躁动年代,率先坚定"回头",帮助我们"看见"了人文记忆和建筑传统的价值。如果没有他在若干关键的历史节点挽狂澜于既倒,清华校园今天大概率会沦陷于一片现代建筑泛滥成灾的"白区"。当下的清华校园,之所以卓然独立、区隔于无数中国大学高度统一现代化样貌的校区,秘密无它,唯一砖一石踏心砌筑的历史感而已。今天的清华园能够尚余半园为人钟爱难忘的蔚然深秀,不能不对关肇邺院士心怀感恩。

关肇邺院士曾言："对设计清华大学图书馆新馆来说，我作为在清华园中生活了四十年以上的学生、教师和建筑师，具有体验、发掘出清华人的'集体记忆'、创造属于这一特定环境建筑的理想条件。因为我可能大体上了解清华人的生活模式、环境心理和感情爱憎。我追求的目标就是建造一个能为清华人，包括离校多年的老校友所能认同和接受的建筑和环境，使人们能在不确知其为何地的情况下，能判定它应该是清华园中的一部分。"

让清华更"像"清华，他做到了，真好。

能"看见"并"记住"这么大一片名叫"清华园"的风景，是历史的幸运，更是一个人的坚持。

淬冶精湛

自1953年留校任教起，关肇邺在清华园中已深耕建筑教育65年，至今未离讲台。

清华大学建筑学院有一个不成文的传统，只有那些学养深湛、深孚众望的老师才会被学生们自发地冠以"先生"的称谓。在所有的"先生"之中，"关先生"儒雅倜傥、令人仰止的教学艺术最为师生所推崇。"关先生"的授课、评图，博通古今，学贯中西，睿智幽默，鞭辟入里，娓娓道来如春风化雨。可慕而不可学，可遇而不可求。

在建筑设计教学之外，关肇邺于1982年在全国建筑高校中率先开设研究生"建筑评论"课，影响深远，开一代先河。2003年，关肇邺开设了博士生课程"建筑与国家尊严"，重点分析各国首都有代表性的规划与建筑实践。

亚历山大图书馆竞赛方案　1989年

　　在清华校园之外，关肇邺的建筑设计作品尽管数量不多，但几乎每一个都堪称高质量精品。他用"得体"二字来概括其注重整体环境和谐，顺应文脉的建筑创作思想。追求"得体"的设计价值取向，早在关肇邺的北京西单商业大楼竞标方案、亚历山大图书馆（Bibliotheca of Alexandrina）竞赛方案等项目中即初现端倪，之后在其校园建筑、图书馆、博物馆等文化建筑领域的一系列实践中逐步完善并发展成熟。

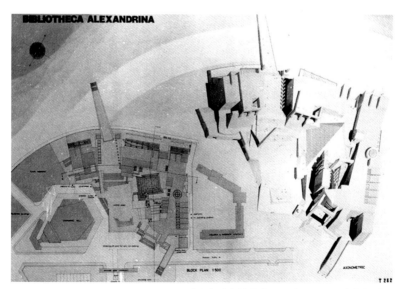

亚历山大图书馆方案——总平面图及总体轴测图

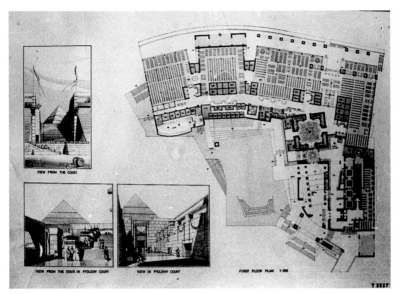

亚历山大图书馆方案——首层平面图及透视图

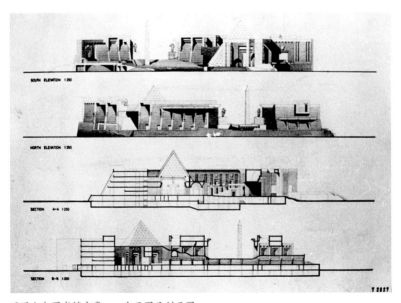

亚历山大图书馆方案——立面图及剖面图

北京西单商业大楼竞标方案　1986年

北京西单商业大楼方案渲染图　　　　北京西单商业大楼方案模型

曲阜师范大学图书馆　1991年

北京大学图书馆　1994年

　　1994年设计的北京大学图书馆是其代表性作品。该项目"从整体到细部，都是努力在与仿古式环境的协调上和表现一定的时代感之间取得恰当的平衡"。中式大屋顶形式，是关肇邺基于自己早年燕京大学校园生活的体验，以及对燕园历史文脉的深入思考和理解，顶住当时业界强大的舆论压力，从而做出的设计决断。而正是这一后来被时间验证的设计决策，使得图书馆建筑以中心统帅地位融入北大校园，与博雅塔、未名湖一起形成了"一塔、湖、图"的燕园集体记忆。

关肇邺与学生讨论北京大学图书馆设计

北京大学图书馆方案渲染图（关肇邺手绘）

"一塔、湖、图"——未名湖、博雅塔及北京大学图书馆

关肇邺在北京大学图书
馆工地

关肇邺参加北京大学图书馆竣工仪式留影

北京大学图书馆屋顶细部

北京大学图书馆正立面

北京大学图书馆屋顶檐角细部

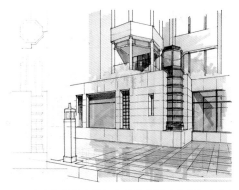

北京大学图书馆细部设计草图（关肇邺手绘）

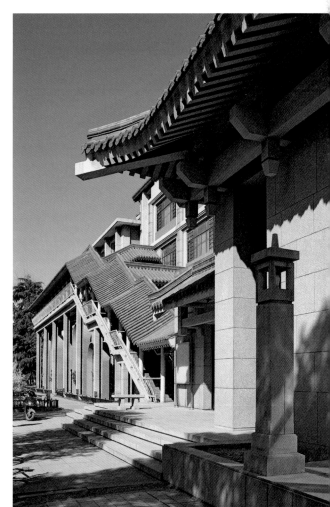

北京大学图书馆爬山廊及细部

徐州博物馆　1997年

徐州博物馆正立面

徐州博物馆庭院

徐州博物馆主入口

徐州汉画像石艺术馆　2002年

徐州汉画像石艺术馆水彩渲染

徐州汉画像石艺术馆

室内景观

台州市图书馆　2003年

台州市图书馆夜景局部

台州市图书馆

台州市图书馆室内

西安欧亚学院图书馆　2003年

欧亚学院图书馆全景

欧亚学院图书馆近景

欧亚学院图书馆室内

中国工程院办公楼　2004年

中国工程院办公楼主入口

中国工程院办公楼大厅室内

中国工程院办公楼室内

中国工程院办公楼贵宾厅

中国工程院办公楼贵宾厅室内

室内景观

113

河北博物馆　2006年

　　在河北博物馆项目中，关肇邺突破投标任务书要求，在新旧两馆之间插入了统领全局的玻璃中厅体量，创造性地将原本规模相近、主次不分的新旧两馆合二为一，在城市尺度上确立起整合的博物馆建筑群文化地标。如此超越成规的设计策略，正源于关肇邺院士对于整体环境和谐的一贯追求。

河北博物馆

河北博物馆老馆

自河北博物馆老馆看扩建部分

河北博物馆细部（一）

河北博物馆细部（二）

河北博物馆大厅室内

1995年，关肇邺当选中国工程院院士。2000年，获"全国工程勘测设计大师"称号。同年获首届由中国建筑学会颁发的中国建筑最高奖项——"梁思成建筑奖"。2009年，关肇邺设计的清华大学新图书馆、西安欧亚学院图书馆、清华大学理科楼（理学院楼、生命科学楼、何添楼、天文台等）、北京大学图书馆（新馆及旧馆改造）、清华大学主教学楼等获得新中国成立六十周年中国建筑学会建筑创作大奖。2010年，获第九届中国文联"造型表演艺术成就奖"之"造型艺术成就奖"。2012年，获中国建筑学会颁发的"当代中国百名建筑师"称号。

陆

壮心犹烈

关肇邺 摄于2018年

　　时光荏苒，炉火纯青。匠心深蕴，念兹在兹。毕生致力于建筑研究、年近九旬的关肇邺院士，至今仍然牵挂着他常年生活的北京和清华园的建筑环境。

天安门广场优化改造研究

　　幼年在东华门外生活成长的经历，使以紫禁城为中心的北京核心区，在关肇邺院士的脑海里留下了深刻而整体的记忆。后来的几十年中，他不时将北京的核心空间与世界著名的城市广场相对照，用传统、庄严、人性化的标准对其审视、揣摩、想象、描绘，围绕其撰写并发表了《积极的城市建筑》、《市政厅与市政广场》、《从伦敦看北京》等多篇学术文章。1996年至2000年，关肇邺院士以"天安门广场空间改造"为题，完成了国家自然科学基金项目，对天安门广场的空间布局提出了创造性的改进方案。2018年，《天安门广场优化改造设计研究》一书正式出版，关肇邺院士力邀崔愷院士接力，对这一课题进行持续性深入研究。

天安门广场优化改造研究方案总体鸟瞰图

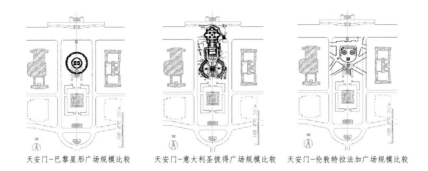

天安门-巴黎星形广场规模比较　　天安门-意大利圣彼得广场规模比较　　天安门-伦敦特拉法加广场规模比较

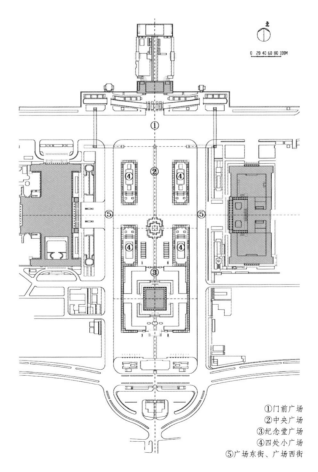

①门前广场
②中央广场
③纪念堂广场
④四处小广场
⑤广场东街、广场西街

天安门广场优化改造研究方案总平面图及尺度比较研究

毛主席纪念堂优化设想方案图

天安门广场休息廊方案图（一）

天安门广场休息廊方案图（二）

清华学堂改扩建项目

　　清华园核心区的建筑环境，一直是关肇邺院士关注的焦点。清华学堂北侧与新水利馆之间的地块虽与礼堂前的大草坪近在咫尺，却一直比较消极。20世纪90年代其中的"二院"平房拆除之后，保留的1970年代临时建筑"动振小楼"颇显尴尬。关肇邺为发挥这个地段的积极作用做过多种尝试，反复推敲，最终决定利用"动振小楼"用地，设计一个与清华学堂五个标志性覆斗屋顶相匹配的中心屋顶，形成对场地的控制力，并作为这组建筑的新入口，从而形成主次分明的空间层级，揭示并强调清华学堂与新水利馆的轴线关系。直到今天，这一被他创想、设计，并向学校建言20余年仍未落地的项目还处于进行时……

　　意匠清华，关肇邺与这座校园70年建筑情缘未了，哲思难尽，缠绵一生。

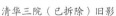
清华三院（已拆除）旧影

清华学堂扩建室外庭院设计草图

扩建建筑细部设计草图

扩建建筑设计草图

扩建室外景观设计草图

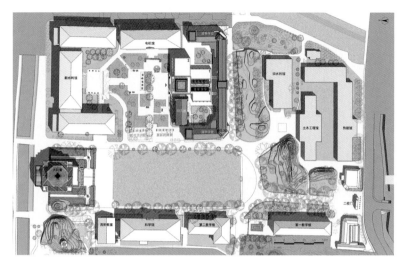

扩建建筑及校园核心区总平面图

扩建建筑效果渲染图

扩建建筑主入口日景渲染图

扩建建筑主入口夜景渲染图

后记

　　七十年，光阴几何？答案如厅中七十根迷离柱阵，岁月成图，空余墨迹。

　　七十年，成功几何？营建劬劳，筚路蓝缕，不过倏尔收于一卷。

　　好在这世间还有建筑、惟有建筑，远逾一个人与一代人的生命时间，将人类的伟大创造镌入不朽，成为迭代传承的文化基因结构。建筑师的力量，不仅仅在于他要对眼下的迫切问题负责、对短暂的人间喜好负责，更重要的在于他要对长周期的文明本体负责、对恒久持存的天地精神负责。因此建筑师最深沉的创造，不是瞬间诉诸我们视网膜的建筑形式，而是长久作用于我们心灵的文化结构。从文明和文化的观法来看，一个建筑师为世界所营造的意义价值，有时候需要几代人才能够真正觉察并理解体悟。

时间，只有时间，才是建筑和建筑师的最终裁判。在时间面前，喧嚣总会暗哑，泡沫终将消散，时间有自己的卷尺和镰刀，测量人类的工作，并割去一切在时间中的缩水之物。时间是历史的看门人，挑剔而冷酷，不接受任何献媚与贿赂，只放极少数人最终踏进历史的大门。在时间中幸存，躲过它那横扫一切的锋刃，是建筑游戏的终极奥义。闯过时间，历史会为你准备一张小小的板凳。

七十年时光的磨洗，不仅没有使关肇邺院士的建筑黯然失色，相反，他对于清华校园空间文化的"结构性创造"与"基因级贡献"被时间擦拭得愈加清晰。岁月奔腾，万象流转，浮华逝去后，才知道原来弥足珍贵的却被我们忽视经年。驻足回望，放眼被批量化大规模高速空间生产的、千园一面毫无特色的当代中国大学校园，不禁令人额手慨叹：有师如此，有园如此，可谓清华之大幸，中国建筑之大幸。

仰止先生，从容越过时间，万千记忆山高水长。清华园中，幸有先生造物——春风大雅，秋水文章。

图书在版编目（CIP）数据

意匠清华七十年——关肇邺院士校园营建哲思／周榕，程晓
喜，祝远编著．—北京：中国建筑工业出版社，2019.11
ISBN 978-7-112-24379-2

Ⅰ.①意… Ⅱ.①周… ②程… ③祝… Ⅲ.①高等学校－教育建
筑－建筑设计－研究－北京 Ⅳ.①TU244.3

中国版本图书馆CIP数据核字（2019）第230399号

责任编辑：焦　扬　吴宇江
责任校对：芦欣甜

意匠清华七十年
——关肇邺院士校园营建哲思
周　榕　程晓喜　祝　远　编著

＊
中国建筑工业出版社出版、发行（北京海淀三里河路9号）
各地新华书店、建筑书店经销
北京锋尚制版有限公司制版
北京富诚彩色印刷有限公司印刷
＊
开本：787×960毫米　1/16　印张：9¼　字数：109千字
2020年1月第一版　2020年1月第一次印刷
定价：98.00元
ISBN 978 - 7 - 112 - 24379 - 2
（34880）